世界真奇妙：送给孩子的手绘认知小百科

发明

蟋蟀童书 编著　　刘晓 译

中国纺织出版社有限公司

图书在版编目（CIP）数据

世界真奇妙：送给孩子的手绘认知小百科. 发明 /
蟋蟀童书编著；刘晓译. -- 北京：中国纺织出版社有
限公司，2021.12
　　ISBN 978-7-5180-6593-6

Ⅰ. ①世… Ⅱ. ①蟋… ②刘… Ⅲ. ①科学知识－儿
童读物②创造发明－世界－儿童读物 Ⅳ. ①Z228.1
②N19-49

中国版本图书馆CIP数据核字（2019）第184134号

策划编辑：汤　浩　　责任编辑：房丽娜　　责任校对：高　涵
责任设计：晏子茹　　责任印制：储志伟

中国纺织出版社有限公司出版发行
地址：北京市朝阳区百子湾东里 A407 号楼　邮政编码：100124
销售电话：010—67004422　传真：010—87155801
http://www.c-textilep.com
中国纺织出版社天猫旗舰店
官方微博http://weibo.com/2119887771
北京佳诚信缘彩印有限公司印刷　各地新华书店经销
2021年12月第1版第1次印刷
开本：787×1092　1/16　印张：14.75
字数：250千字　定价：168.00元／套（全8册）

身边的小发明

发明能给我们带来什么？

伟大的发明，可以改变整个世界。

比如：电灯、飞机、手机……

除了一些伟大的发明，

还有一些生活中的小发明。

比如：能吃的勺子、可以折叠的水杯、自动挤牙膏器……

这些发明虽小，却方便了人们的日常生活。

人类的梦想或生活的需要是发明的原动力，

真正的发明家都拥有无限的想象力。

伊丽莎白·普勒斯顿　文

长寿的鲨鱼

有一位法国老奶奶，她活到了 122 岁。这已经很不可思议了，但和格陵兰鲨鱼比起来，这位奶奶简直是太年轻了。

格陵兰鲨鱼生活在寒冷的北冰洋，它们的生长速度极为缓慢。但人们发现了一些个头特别大的格陵兰鲨鱼，于是科学家们推测这些大块头的格陵兰鲨鱼岁数一定非常大了。为了了解格陵兰鲨鱼的更多信息，科学家们研究了死了的格陵兰鲨鱼的眼球，寻找一种特殊的碳原子，因为 20 世纪 50 年代到 60 年代人们进行的大量核试验，产生了一种特殊的碳原子，这种碳原子广泛分布在全球各地。出生在那个年代的鲨鱼在发育的过程中，眼睛会吸收这种碳原子。他们发现其中一些鲨鱼体内的这种碳原子含量很高。通过研究鲨鱼的体型，科学家们估算了鲨鱼每年的成长速度。因此，科学家们推测那些个头最大的鲨鱼年龄在 390 岁到 512 岁。想在它们的生日蛋糕上插满蜡烛，可真不是件容易的事情呀！

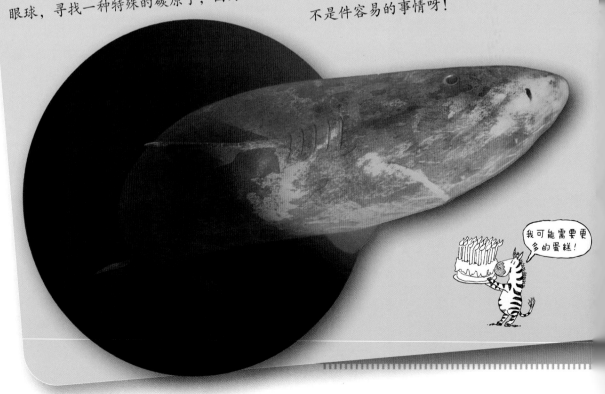

我可能需要更多的蛋糕！

为什么向日葵总是跟着太阳转呢？

小向日葵总是面向太阳。随着太阳的移动轨迹，向日葵也从东向西跟随着太阳。这是为什么呢？科学家们发现，向日葵的秘密是生物钟。白天，向日葵背光面的茎长得比较快，所以花盘会随着太阳一起移动。到了晚上，西面的茎长得更快，这样，花盘又转回到东面。和总是面向一个方向的花朵比起来，随着太阳转的向日葵更能茁壮成长。

可以把外套还给我了吗？

怎样穿才能像冰人？

1991 年，一群旅行者在意大利的雪山中发现了一具冰冻的尸体。这具尸体已经在雪地里待了 5300 多年了，人们叫他为冰人或者奥兹。他被发现时，浑身都穿着皮草。现在，科学家们正在研究冰人的衣服，了解远古时代人们的生活。

科学家从冰人奥兹的衣服上提取 DNA，发现这是由 5 种不同的动物的皮毛做成的。他的裹腿布、缠腰带、外套和鞋带是用绵羊、山羊和牛的皮做成的。像现代人一样，奥兹时代的人们可能也饲养过这些动物。而他的帽子是用熊的皮毛做的，箭袋是用鹿皮做的。这些野生动物被猎杀后做成服装。这样，一套冰人奥兹的衣服装备就齐全了。

内斯特码头

摇摇晃晃

杰弗里·艾博勒 文

这个秋千快要散架了吧!

我知道是怎么回事了!菲尔你看,这根杆太短了,够不着地面。就交给我修理吧。

我们需要一些可调节的支撑架……

缆绳和平衡物用来固定住秋千。

还有太阳能绞车!

以及一个推秋千的机器人。

下秋千的时候放一个垫子。

省钱

简单就好，多多动脑！

小发明

戴维·克拉克 绘

人们的生活都离不开干净的水、热腾腾的食物，到了晚上，我们还需要借着明亮的光线来读书或者工作。但不是每个人都可以负担得起自来水厂和发电站的费用。那有什么简单的办法可以帮助人们得到这些生活必需品呢？

世界各地的发明家都开动脑筋，希望找到一个方法，让人们每天花很少的钱，就能用电做饭、喝干净的水。下面，我们来看看他们是如何帮我们省钱的。

发明竞赛
成本低于 10 美元的光

照亮夜晚
日落以后我们靠什么照明呢？

把萤火虫放进玻璃罐里照明怎么样？

动一动，灯就亮

发电机的原理很简单，就是让磁铁在金属线圈内转动，把动能转换成电能。通过风力、水轮或者自行车发电的小型发电机足以让灯泡或者电脑正常工作。汽车电池可以储存电能，供以后使用。你确实需要花钱买一个发电机和电池，这样以后你就能用上免费的电了！

快点!屋子里变黑了。

这是在干什么？

光还不够亮。

瓶子灯

如果想要省更多的钱，你需要准备一个干净的塑料瓶、一点漂白剂和一些胶水。向装满水的塑料瓶中加入少许漂白剂杀菌，再用胶水把瓶子固定在屋顶上，瓶子一半在屋内，另一半在屋外。这样，屋子里就变得明亮了！瓶子灯只能在白天发光，但是这点光足以照亮黑暗的房间。

瓶子里装满了太阳光。

古老的照明窍门

在电灯照明之前，人们把光滑的金属片放在蜡烛或者煤油灯的后面，这样，金属片反射出的光就使房间更亮了。

为了能在更明亮的光线下工作，人们会把盛满水的圆形的水瓶放在窗户或者蜡烛附近。这样，水瓶就能像凸透镜一样，把光聚焦在一个点上了。

重力灯

重力灯是利用重力发电的。首先，将一袋沙子或者其他重的东西举高，挂在链条的一端。重物下降，会拉动灯泡里的齿轮均匀而缓慢地转动。这就带动了发电机产生电力，让灯泡发光。

夜晚的阳光

太阳能手提灯不仅很便宜，还可以亮一整晚。手提灯顶部的太阳能电池板在白天的时候给电池充电。到了晚上，电池的电就能让LED灯亮起来。一旦你买了这种手提灯，就不用再付电费或者煤油费了，也不用担心呛人的煤烟味了。

一杯净水

世界上仍然有许多人还喝着河水或井水。有时，这些水并不干净，人们喝了后可能会生病。那么有没有什么办法能让人喝上便宜又干净的水呢？

氯气净水

氯气溶解在水中能够很容易地杀死水里的细菌。只需要在一个简单的实验室里，让盐水流过持续通电的管道，便宜的氯气就造出来啦。

人们在水里加氯气是为了消毒吗？

我觉得是为了让水的味道更好一些。

沙子过滤

另一种过滤方法的灵感来自大地，把一层层的沙子和沙砾装进一个大罐子里，做成一个过滤器，或者直接用空陶罐过滤水。水流过细小的缝隙，水中的细菌和灰尘会被一种有益的细菌吸住或者吃掉。如果在过滤器上加一层木炭，水中的其他污染物也会被吸走。

布料过滤

水里的寄生虫会引起一种非常可怕的传染病——霍乱。人们可以用四层薄棉布或者丝巾来过滤受污染的水。纤维会吸附水里的浮游生物，而浮游生物会吸附霍乱弧菌。

我变干净了。

紫外线杀菌

在透明的瓶子或者袋子中装满水，放在阳光下。高温和紫外线可以在一天之内杀死水里的细菌。

超级吸管

这种超级吸管其实是一种过滤器，喝水的同时就可以把水变干净。就算把它插进脏水坑里，你也可以放心喝水。这种吸管用起来方便，而且能用好几个月。吸管里装的过滤器有着非常细小的孔，只有流水能够通过，而细菌们全被挡在外面。这种过滤器的确是高科技产品，但如果能大量生产的话，也不会很贵的。

泥土，美味！

为什么不能既有用又有趣呢？

树枝净水

用树枝也能净水！被树皮包裹着的树枝里长了许多小管道，水就是通过这些管道从树根被运到大树的各个角落的。这些管道小到连细菌都无法通过。罗希特·卡尔尼克因此受到启发，把剥掉皮的树枝插进水管里，从水管的另一头倒水，水马上就被过滤干净了！

更大！却更容易了！

蒸馏

水在蒸发的时候，只有水分子会变成水蒸气上升。细菌、污染物和盐因为太重了，只能留在原地。所以在污水或者盐水的上方放一个盖子，放到阳光下，当温度升高时，水会蒸发，水蒸气碰到盖子后，会变成（凝结）水珠，水珠顺着盖子流下来，这样我们就能得到干净的水了。这种方法很费时间，但非常省钱。

水轮

有了水之后，你要怎么把水运回家呢？圆形水箱可以让人轻轻松松地一次运很多水。这样你就能少走几趟路了，节约时间去做其他事情，比如发明。

做晚饭

用木材烧火做饭很简单，但这样会破环森林，还会产生浓浓的烟雾。有什么更好的方法吗？

招募：
急需一个既省燃料又不熏人的炉子！

倒数10秒，晚饭马上好……

晚饭吃花生酱就可以了呀！

花生酱

越省越好

既省燃料又不熏人的炉子有很多。它们的特点是：让炉子温度升高，燃料就能充分燃烧。比如非洲的绩高炉底部有很多孔，通过这些孔，空气能进入炉子里，把燃烧完的灰烬漏出来，碳块就能充分燃烧。

用稻草煮米饭

这种炉子是用稻草作为燃料，因为稻谷在生长过程中产生的稻草通常会被丢掉，所以这种燃料非常省钱。在炉子的内部有两团火，一团在炉子底部，负责燃烧稻草，释放甲烷，而在炉子顶部的那团火燃烧甲烷，用来做饭。

循环利用！

火箭炉

火箭炉之所以叫火箭炉，是因为它又高又窄，顶部烧火。人们把树枝塞进炉子底部的洞里作为燃料。炉子的四周裹了一层沙土，用来隔热，所以炉子里的温度可以升得特别高，高到连烟灰也可以燃烧。这种炉子设计简单，比起普通的炉子它可以节省一半的木材，并且几乎不会冒烟。

用秸秆做木炭

比起木材，木炭燃烧产生的污染物和烟灰更少。一般的木炭是用木材做成的。但是美国麻省理工学院的工程师们发现了一种方法——用甘蔗秆和其他庄稼秸秆做成木炭。具体的做法：把这些秸秆倒进一个空油桶里，在油桶的底部挖些洞，放置在火堆上，直到桶里的温度高到连烟灰都被

点着时，马上把桶口盖起来，把底部的洞也堵住，隔绝空气。通过这种方法，供炉子使用的压缩木炭就制作成功啦！

沙子冰箱

新鲜又美味的食材让做饭变得妙趣横生。在炎热干燥而又不通电的地方，泽尔壶可以让食物保持新鲜。它的制作方法很简单：把一个小陶罐放进另一个更大的陶罐里，用湿润的沙子把中间的缝隙填满。水分会慢慢地从大陶罐里渗透出来，然后蒸发，带走小罐子里的热气，罐子里装的食物就会降温。泽尔壶里的食物可以保鲜一周，不会在一两天内就坏掉。

太阳炉

太阳那么晒，为什么不用它来做饭呢？于是有人发明了太阳炉，它的四周装了反光板，可以将阳光反射到罐子或者盒子上。这些热量可以用来烧热水，也可以烤面包，不过和炉子比起来，它升温的速度有些慢，而且到了晚上或没有太阳时就无法使用了。

好主意就是用来分享的。一旦出现了一个好的新点子，它能很快被大家接受，因为当人们看到邻居家用瓶子就能照明，不用来来回回运水，做饭的时候也不会被呛到时，新点子就会被四处传播。

遇见艾米·史密斯

当艾米·史密斯还在学习工程学的时候，老师曾给全班同学布置了一个任务：制作一支更好用的热熔胶枪。其他同学都给热熔胶枪增加了很多功能，而艾米去掉了很多部件，只留了两个，结果她的简单热熔胶枪更好用。

现在，艾米在波士顿剑桥市的麻省理工学院教书，同时，为了帮助人们不用花太多的钱就能提高生活水平，她建立了一个叫作"D-实验室"的项目。实验室里的学生们把许多充满智慧的想法变成了现实，比如用自行车发电的谷物研磨机、秸秆木炭、无电婴儿保育箱和装有反光镜的锅以及用阳光的光线给锅里的金属用具消毒等，这些发明只是很少的一部分。

工程师和当地居民相互合作，能想出很多好的办法。艾米让学生们与当地人面对面交流，问他们关心的问题，认真倾听他们的想法，了解他们要解决的问题。学生们还会到当地去测试自己的想法。例如，怎么使用一项新发明？坏了要怎么修好？还有更简单的方法吗？

"人们常常认为我的工作和工程学无关。"艾米说，"因为它看起来太简单了。但有时候简单的工作比复杂的工作更难做好。"

这些简单的图标可以教授人们用钢桶做秸秆木炭。

D-实验室希望这些好点子能被更多人知道，他们还会提供给当地居民们一些必要的工具，鼓励他们自己去发明创造。毕竟，只有他们自己才知道哪种方法最有效。D-实验室只是需要帮助他们一下，就像艾米说的，"我们鼓励每个人都去发明创造。"如果所有人都能成为发明家，这个世界将会变得多么奇妙啊！

有的时候，简单点更好。

总有一天

杰夫·哈特 绘

总有一天，我会成为一名伟大的发明家。但是，现在我必须乖乖地去上学。

我正准备出门的时候，弟弟大喊道："艾达，我们得把乐高玩具收拾好！"糟糕！我们昨天晚上就应该收拾的，但我不小心把放乐高的鞋盒子压扁做成了雪橇。天呐！

总有一天，我要发明一台智能乐高机，可以把乐高按照颜色和类型分类放好。我还会设置语音控制，当我正在搭积木的时候，只要喊一声，智能乐高机就会把我想要的积木都拿过来。这也太酷了！

"好的，我们快点收拾好吧！"我说。我打开衣柜，看见空空的鞋袋子挂在门上晃晃悠悠。袋子里没有鞋。这时我想到一个主意……

"快过来，我们可以把乐高放进袋子里！"每种大小的玩具都可以放进一个专门的袋子里。在我设计出智能乐高机之前，这个也能凑合用一下。

"哎呀！"我在拉外套拉链的时候，拉链片突然断了。拉链头只剩下一个小孔，我怎么也抓不住。"妈妈，我们还有多余的拉链头吗？"或者……

我需要一个钩子一样的东西，被掰弯的铁丝也可以……我从书桌上拿起一个回形针，把最外层的铁丝掰开，穿过小孔，再把它按回去。看起来不错，和拉链片长得很像呢！完美！

外面冰天雪地的，我在马路上滑行时，脑中突然灵光一现：我可以发明一双自动加热的弹簧靴。我的手套总是粘在结冰的栏杆上。手套粘在冰上，鞋子却这么滑！真有意思！

但我马上又想到一个点子。我回家找了一双爸爸的旧袜子，然后把袜子套在鞋子上再次走出家门。虽然看上去有点滑稽，但脚底下却不滑了！在我做出超级靴子之前，这个也能凑合用一下。

在学校，我们要做一个数学小测验，但是我一点也不紧张。我们要做 9 的乘法计算，奶奶教了我一个小窍门。摊开双手，哪个数要和九相乘，你就把第几根指头弯下来（比如 3 乘 9，你只需要把左手的第三根指头弯下来）。答案就在你眼前啦——27！4 乘 9 就是 36！这也太容易了吧！

但这个方法只有在乘九的时候有用，不过有总比没有好。我打算发明一套能做乘法考试和其他所有考试的电脑程序。

我猜菲奥娜正一边做题，一边嚼口香糖，嚼着嚼着，她的头发也跑进嘴巴里了，因为我听到她大叫了一声，说："啊，我头发上有口香糖！"真是乱糟糟的。

"先用冰块把它冻住，再拔出来！"罗冰说。

"用蛋黄酱更好一些。"约万说。

我知道什么最有用——花生酱！但我不会告诉你我为什么会知道。幸运的是，我今天正好带了花生酱三明治。我刮了一些花生酱，把它抹在口香糖上，口香糖不一会儿就变软了，于是我们用纸巾把口香糖弄了下来。菲奥娜现在散发着花生酱的气味，但没有人会在意这个。

用梳子清理魔术贴。

"谢谢你救了我的头发！"吃午饭的时候，菲奥娜对我说，"有没有人想尝尝我的果酱卷？"看起来就很好吃！但是我们怎么才能切开它呢？因为学校不让我们带小刀，所以没有人带了切蛋糕的工具。让我想一想，现在我们需要一台可折叠的超级迷你激光切割机，有了它，你可以把任何东西切成你想要的形状。

想着想着，我突然记起来，有一次我的叔叔用一条带手柄的金属丝代替小刀切开了奶酪。我没有金属丝，但还好我带了牙线。你知道吗，牙线切果酱卷很好用，当然，还是激光切割机更好用！

放学后，奶奶接我回家。她给我带了一杯热巧克力。真好喝！但奶奶的车子旧旧的，连放杯子的地方都没有。我坐在车上，脱掉鞋子，放松放松脚丫，惬意地喝着热巧。我低头一看，发现鞋口那个洞正好和杯子差不多大，于是我弯下腰……

"奶奶，快看！我的鞋子变成杯架了！"

"哟，真不错！"奶奶说，"但我在开车，所以还是穿着鞋吧。"

旧的按压式乳液瓶子可以用来放水球.

晚饭后，我要享用我最爱的甜点——可乐冰棍。我喜欢在炉子旁边吃冰棍，这样就没那么凉了，但是冰棍会化得很快。总有一天，我要发明一种不滴水的冰棍，它的木棒可以吸收冰棍的汁水，吃完冰棍后，还可以把木棒里的汁水挤出来喝掉。

正当我一边思考，一边舔着胳膊上的冰棍汁的时候，弟弟拿着一个小玛芬蛋糕走了进来。他对冰棍一点也不感兴趣。当他把小蛋糕的纸杯撕下来的时候，我想到了一个点子。我拿起纸杯，把它穿在冰棍的木棒上。

"妈妈，你看！"我说，"这样，冰棍汁就不会滴下来了！"

"真棒！"妈妈说。她正在给爸爸织袜子，我们家的小猫毛毛追着毛线球到处跑。它玩得不亦乐乎，妈妈却有些生气。

"嘿嘿，要是我成了发明家，我要发明一种防猫的毛线球支架。"我说。"太好了！"妈妈说，"你能现在就发明一个吗？"这只是一个模糊的想法，我还没来得及设计。"没问题。"我说。桌子上有一个漏斗，我以前用它来装盐瓶。让我想一想……有了！我把一个毛线球放进漏斗里，让毛线从漏斗下面穿出来。大小正合适。漏斗还自带了一个环，正好可以挂在毛毛够不到的地方。

"在我发明出防猫支架前，这个也能凑合用。""谢谢宝贝！"妈妈说。"这个发明太棒了！"爸爸夸奖到。

用胶带缠一缠旧鞋带的两头，这样，旧鞋带就又能用了。

想打喷嚏的时候，用舌头摩擦口腔顶部，这样就不会想打喷嚏了！

勺子也能吃

想象一下你正在野餐，享受着美味的面条和水果沙拉。接着，你吃完一块蛋糕，最后把勺子也吃掉，这一餐就圆满结束。

伊丽莎白·普林斯顿 文

我应该先吃哪一个？

这是一家叫贝克的印度公司的创意。这家公司想用食物代替塑料，做出可食用的叉子和勺子。这样能够让人们更少地使用塑料，减少环境污染。有一天，可能勺子还会被做成你喜欢的口味。

用了就丢掉，这样不环保

今天你丢掉了多少塑料制品？空瓶子、吸管、购物袋、糖纸，这些东西你都扔过吗？美国人每年都会丢掉约 3500 万吨的塑料。绝大部分的塑料被送进了垃圾填埋场，而这些塑料很长时间也不会被完全降解；另一些则被丢进了大海里，形成了大面积漂浮在海上的塑料垃圾。

在所有的塑料垃圾中，印度化学家那拉亚纳·比萨帕蒂最关注塑料餐具。因为比萨帕蒂一直以来都在为保护环境而努力。但据他所知，印度人每年要丢弃约 1200 亿件塑料餐具。他相信一定有更好的办法来解决这个问题。为什么不用食物做加工餐具的原材料呢？

2006 年，他开始做实验，尝试了不同的方法来制作可食用的勺子。他的妻子普莱雅·凯丝卡是他的帮手，同时还试吃他做出来的勺子。2011 年，比萨帕蒂创立了自己的勺子公司——贝克公司。

高粱勺子

贝克公司做勺子的方法很简单。首先把高粱面粉、小麦和大米粉混合在一起，然后加水和面，慢慢

和塑料说再见

世界上许多发明家都试着解决塑料垃圾的问题。有的人在研究一种能够做成肥料的塑料，只要垃圾堆里有水、细菌和腐烂的食物，这种塑料就能被降解。有的人试图找到一种吃塑料的微生物，只要把这种微生物放进垃圾堆里就可以了。当然，也有人在寻找塑料的替代品，比如用纸或者硬胶来包装食物。除了这些方法，重复利用水瓶，自己带袋子去逛超市也是简单又环保的做法。

揉成面团，接着把面团做成勺子的形状。最后，把勺子面团放进烤箱，直到勺子变硬。

贝克公司的勺子很坚硬，你可以用它来吃冰激凌，喝热茶、热汤或者其他任何东西（但是如果勺子长时间泡在水里，它可能会进水）。勺子的包装上介绍，这种勺子在两年之内都会保持酥脆。你还可以把它当作零食来吃，就像吃饼干一样。这种勺子是一次性的，不能洗干净了再用几次。但如果你实在是吃得太饱，吃不下勺子了，你可以把勺子做成肥料或者直接扔到土地上。如果没有被虫子或者其他动物吃掉，勺子在一周之内就能被降解。

在印度，贝克公司以一袋100个的量销售这种勺子，每袋勺子卖275卢比（4美元左右）。贝克公司以前用塑料绳捆勺子，现在换成了纸条，这样也能减少塑料的使用。

除了普通的勺子，贝克公司还卖有味道的勺子。甜味的勺子是因为在面粉里加了糖，开胃勺子里面加了盐和香料。开胃勺是比萨帕蒂的最爱，而凯丝卡最喜欢甜味勺子。他们还在制作勺子的原料里添加了五颜六色的蔬菜汁，比如甜菜、胡萝卜和菠菜。凯丝卡说这些蔬菜勺子味道好极了，希望蔬菜勺子能早点和大家见面。

人人都能用上可以吃的勺子

一开始，贝克公司很小，只有他们夫妻两个员工。2016 年初，贝克公司开始众筹，也就是向大众筹钱。这个消息很快在网上传开了，许多人都争先恐后地捐钱。公司本来只打算在网站上筹 2 万美元。但由于大家太热情了，最后公司筹到了 20 多万美元。

比萨帕蒂和凯丝卡都惊呆了。"就像是幸福从天而降！"凯丝卡说。捐钱的人们只想要勺子作为回报。但贝克公司还没有能快速生产勺子的设备。

比萨帕蒂发明了一种可以大量生产勺子的机器，但这种机器还有很多缺点。所以，贝克公司正在努力改进机器，希望大家都能快点用上勺子。

解决了这个问题，他们还有更大的目标。当公司变得越来越大，他们接下来还打算卖其他可食用餐具，比如筷子和叉子，甚至还计划卖沙拉碗。

贝克公司希望在世界各地都建立工厂，这样，各个国家的居民都能很方便地用上贝克公司的勺子了。你可能很快就能在饭桌上见到这种勺子，吃完饭别忘了把勺子也吃掉哦！

疯狂发明家的工作室

马克·希克斯　文

　　想法是发明的灵魂，得力的工具可以让想法变成现实，让发明改善生活。这些工具不是很新奇，事实上，利用家里有的东西，你也能打造一个十分不错的发明家工作室。

　　你可以在家里找一个僻静的角落当作工作室，你所有的工具和没有完成的发明都可以放到工作台上。地下室或者车库的角落也不错，你还可以把一个大盒子当成工作室，需要工作的时候再打开它。

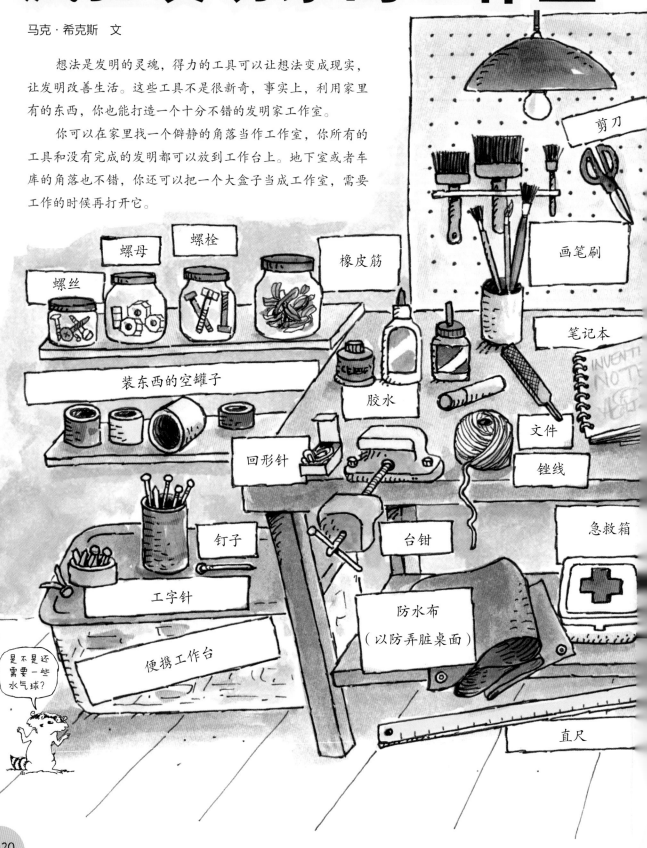

为了发明创造，你需要天马行空的想法和无数次的失败。

——托马斯·爱迪生

硬纸管、弹簧、木屑、木钉（销）、吸管、筷子、塑料气泡纸（膜）、衣夹、红酒瓶塞、冰棒棍、陶土、旧玩具、软水管、PVC管、牙线、轮子、毛毡等。

个性化发明箱

你做什么样的发明，你的发明箱里就有什么。

你的发明箱里有糖霜、蜡烛和一个打孔器。

我是快乐发明家。

碎布、棉花、纱线、棉线、针、纽扣、珠子、魔术贴、印花布、毛毡、织物胶水、线

锯子、砂纸、钉子、螺丝、夹钳、斜口锯箱、树脂胶、螺丝刀

针线盒

木工盒

机械 和 电子设备

钢丝钳、开口钳、镊子、切割机、电动机、磁铁、旧电器的电源、万用表、电池、废铁丝、弹簧夹、放小零件的抹布、固定螺丝板、多余的螺丝钉

发明小贴士
发明没有规律！那应该从哪里开始呢？

"轮到你打扫走廊了。"

1 发现一个好问题

把问题的范围缩小。首先，你要知道自己到底想解决什么问题。如果你想改造一个拖把，那么它在哪些方面需要变得更好用呢？

2 观察类似和不同的产品

它们有什么特点？它们和你要设计的东西有什么相同点？有什么不同点？

3 头脑风暴

不管这些想法有多么疯狂，试试看在一分钟之内想出15种解决方案。或者你可以随便拿起一件东西，然后问自己：这个和我的想法有什么相同点？口香糖和鸡毛掸子有什么共同的特点？让你的想象力自由奔跑，碰撞出新的点子，或者从不同的角度思考同一个问题。

4 进行一次小试验

一旦有了一个不错的想法，你可以进行一次小试验。你不需要制作出一个很完善的试验品，你只是想看看你的想法是不是行得通。所以，假如你要做一个猫掸子，可以把一些抹布粘在一根棍子上，试着像猫一样在地板上走路，试试这样会不会真的能把地板擦干净。

5 逆向思考

如果你没有思路或者不清楚某个部分应该如何工作，你可以试试把你想改进的东西拆分开。然后再观察哪些地方需要改进。

6 敏而好学

可以让别人给你提一些建议。因为你可能正好认识一些能够教你使用热熔胶枪或者打扣眼的朋友。或者也可以上网搜索视频，自己学习。

7 制作、检验、改进、循环往复

检验模型，调试模型，再次检验，直到做出你想要的产品。这个过程是最费时间的。托马斯·爱迪生为了发明电灯泡，曾经测试了6000多种不同的材料，才成功找出了最合适的。你在试验不同方法的同时，脑海中的想法也在发生改变。有时候，你可能会想到一个完全不同的想法！

8 制作样品

最后，如果你已经解决了所有的问题，就可以动手做一个发明的样品模型了。通过样品，能够向大家展示你的发明，向他们介绍这项发明的作用。

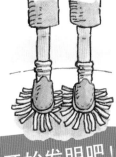

现在就开始发明吧！

马尔文和他的朋友们

索尔·威克斯特龙 绘